Nome:

Professor:

Escola:

Eliana Almeida • Amima Abreu

Vamos Trabalhar

Raciocínio lógico e treino mental

TABUADA

2

Editora do Brasil

Dados Internacionais de Catalogação na Publicação (CIP)
(Câmara Brasileira do Livro, SP, Brasil)

Almeida, Eliana
  Vamos trabalhar 2: raciocínio lógico e treino mental / Eliana Almeida, Aninha Abreu. – 1. ed. – São Paulo: Editora do Brasil, 2019.

  ISBN 978-85-10-07439-1 (aluno)
  ISBN 978-85-10-07440-7 (professor)

  1. Matemática (Ensino fundamental) 2. Tabuada (Ensino fundamental) I. Abreu, Aninha. II. Título.

19-26130   CDD-372.7

Índices para catálogo sistemático:
1. Matemática : Ensino fundamental 372.7
Maria Alice Ferreira - Bibliotecária - CRB-8/7964

© Editora do Brasil S.A., 2019
Todos os direitos reservados

Direção-geral: Vicente Tortamano Avanso

Direção editorial: Felipe Ramos Poletti
Supervisão editorial: Erika Caldin
Supervisão de arte e editoração: Cida Alves
Supervisão de revisão: Dora Helena Feres
Supervisão de iconografia: Léo Burgos
Supervisão de digital: Ethel Shuña Queiroz
Supervisão de controle de processos editoriais: Roseli Said
Supervisão de direitos autorais: Marilisa Bertolone Mendes

Supervisão editorial: Carla Felix Lopes
Edição: Carla Felix Lopes
Assistência editorial: Ana Okada e Beatriz Villanueva
Copidesque: Gisélia Costa
Revisão: Alexandra Resende
Pesquisa iconográfica: Isabela Meneses
Assistência de arte: Carla Del Matto
Design gráfico: Regiane Santana e Samira de Souza
Capa: Samira de Souza
Imagem de capa: Marcos Machado
Ilustrações: Estúdio Mil, Ilustra Cartoon, Reinaldo Rosa e Ronaldo L. Capitão
Coordenação de editoração eletrônica: Abdonildo José de Lima Santos
Editoração eletrônica: Select Editoração
Licenciamentos de textos: Cinthya Utiyama, Jennifer Xavier, Paula Harue Tozaki e Renata Garbellini
Controle de processos editoriais: Bruna Alves, Carlos Nunes, Rafael Machado e Stephanie Paparella

1ª edição / 6ª impressão, 2024
Impresso na Forma Certa Gráfica Digital

Editora do Brasil

Avenida das Nações Unidas, 12901
Torre Oeste, 20º andar
São Paulo, SP – CEP: 04578-910
Fone: +55 11 3226-0211
www.editoradobrasil.com.br

APRESENTAÇÃO

Com o objetivo de despertar em vocês – nossos alunos – o interesse, a curiosidade, o prazer e o raciocínio rápido, entregamos a versão atualizada da Coleção Vamos Trabalhar Tabuada.

Nesta proposta de trabalho, o professor pode adequar os conteúdos de acordo com o planejamento da escola.

Oferecemos o Material Dourado em todos os cinco volumes, para que vocês possam, com rapidez e autonomia, fazer as atividades elaboradas em cada livro da coleção. Todas as operações e atividades são direcionadas para desenvolver habilidades psíquicas e motoras com independência.

Manipulando o Material Dourado, vocês realizarão experiências concretas, estruturadas para conduzi-los gradualmente a abstrações cada vez maiores, provocando o raciocínio lógico sobre o sistema decimal.

Desejamos a todos vocês um excelente trabalho.

Nosso grande e afetuoso abraço,

As autoras

AS AUTORAS

Eliana Almeida

- Licenciada em Artes Práticas
- Psicopedagoga clínica e institucional
- Especialista em Fonoaudiologia (área de concentração em Linguagem)
- Pós-graduada em Metodologia do Ensino da Língua Portuguesa e Literatura Brasileira
- Psicanalista clínica e terapeuta holística
- *Master practitioner* em Programação Neurolinguística
- Aplicadora do Programa de Enriquecimento Instrumental do professor Reuven Feuerstein
- Educadora e consultora pedagógica na rede particular de ensino
- Autora de vários livros didáticos

Aninha Abreu

- Licenciada em Pedagogia
- Psicopedagoga clínica e institucional
- Especialista em Educação Infantil e Educação Especial
- Gestora de instituições educacionais do Ensino Fundamental e do Ensino Médio
- Educadora e consultora pedagógica na rede particular de ensino
- Autora de vários livros didáticos

DEDICATÓRIA

À minha amada e querida mãe... Dizer obrigada é tão pouco diante de seu imenso amor e dedicação aos filhos. Te amo!

Com carinho,
Eliana

"Tudo é possível àquele que crê."
Jesus Cristo. Marcos 9, 23.

Aos meus amados pais, por todo carinho e dedicação. Obrigada pela convicta confiabilidade de seus ensinamentos. Obrigada hoje e sempre!

Com carinho,
Aninha

SUMÁRIO

Números de 0 a 9 7-9
Trabalhando as unidades 10-12
Trabalhando as dezenas 13, 14
Números de 11 a 19 15-17
Trabalhando a adição 18, 19
Tabuada de adição de 1 a 5 20
Automatizando a tabuada 22, 23
Tabuada de adição de 6 a 10 24
Automatizando a tabuada 25
Problemas de adição 26
Trabalhando as dezenas exatas
de 20 a 90 27-29
Trabalhando a adição de
unidades e dezenas 30, 31
Problemas de adição
com unidades e dezenas 32, 33
Educação financeira 34
Trabalhando a subtração 35, 36
Tabuada de subtração de 1 a 5 37
Automatizando a tabuada 38

Trabalhando a subtração de
unidades e dezenas 39, 40
Tabuada de subtração de 6 a 10 41
Automatizando a tabuada 42, 43
Problemas de subtração 44
Trabalhando as centenas 45-47
Revisando a adição,
a subtração e a centena 48, 49
Trabalhando a multiplicação
de 1 a 5 .... 50, 51
Tabuada de multiplicação
de 1 a 5 52
Automatizando a tabuada 53
Trabalhando a divisão 54-56
Tabuada de divisão de 1 a 5 57
Automatizando a tabuada 58
Educação financeira 59
Revisando a multiplicação
e a divisão 60
Material Dourado 61-63

Números de 0 a 9

Atividades

1 Lari tracejou os números para você cobrir.

0 zero
0 0
0 0 0 0 0

1 um
1 1
1 1 1 1 1 1

2 dois
2 2
2 2 2 2 2 2

Tabuada 7

3 três 3 3
3 3 3 3 3 3

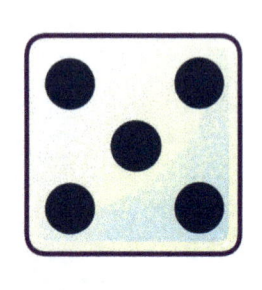

4 quatro 4 4
4 4 4 4 4 4

5 cinco 5 5
5 5 5 5 5 5

6 seis 6 6
6 6 6 6 6 6

7 sete 7 7
7 7 7 7 7

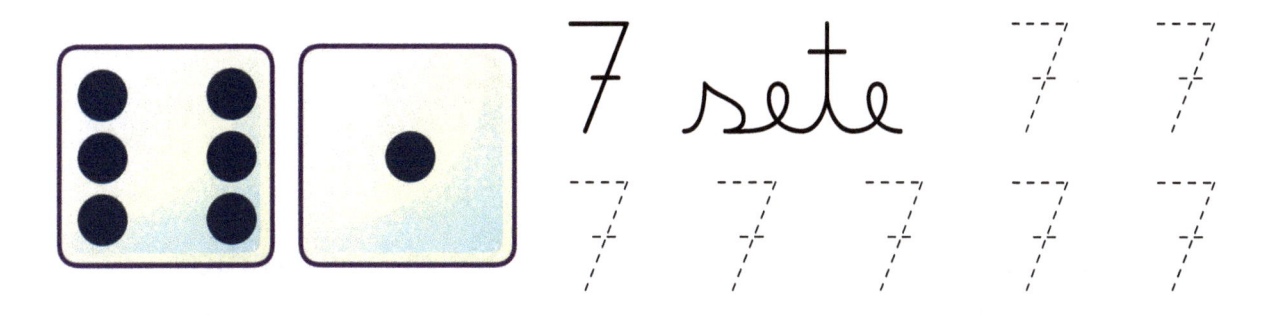

8 oito 8 8
8 8 8 8 8

9 nove 9 9
9 9 9 9 9

2 Conte o total de pássaros no galho. Depois, escreva o algarismo e o número por extenso.

Tabuada

Trabalhando as unidades

Atividade

1 Vítor quer fazer uma construção com cubos. Vamos ver quantos cubos ele usará? Observe os exemplos e continue escrevendo.

0 – ausência de elementos

sem unidades

1 elemento

1 unidade

2 elementos

2 unidades

3 elementos

3 _____

4 elementos

4 _____

5 elementos

5 _____

6 elementos

6 _____

7 elementos

7 _____

8 elementos

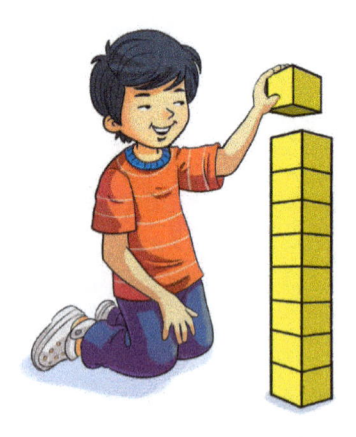

8 _____

9 elementos

9 _____

Os símbolos 0, 1, 2, 3, 4, 5, 6, 7, 8 e 9 são chamados de **algarismos**.
Com eles podemos escrever qualquer número natural.

Trabalhando as dezenas

Observe:

10 cubos
10 unidades ou 1 dezena
Dez unidades formam uma dezena.

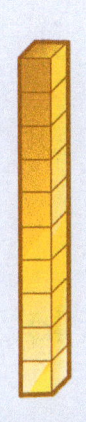

Dezena	Unidade
1	
1	0

10 unidades

Lê-se: DEZ.

10

dez

Tabuada

Atividades

1 Complete a reta numérica até chegar a uma dezena.

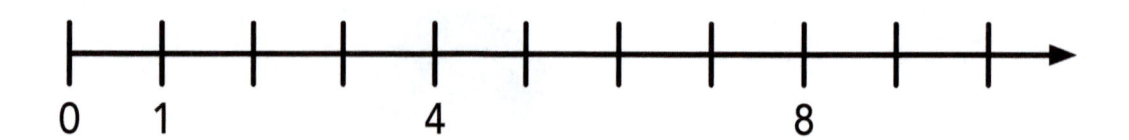

```
0   1       4           8
```

2 Descubra o número representado em cada ábaco e escreva-o por extenso.

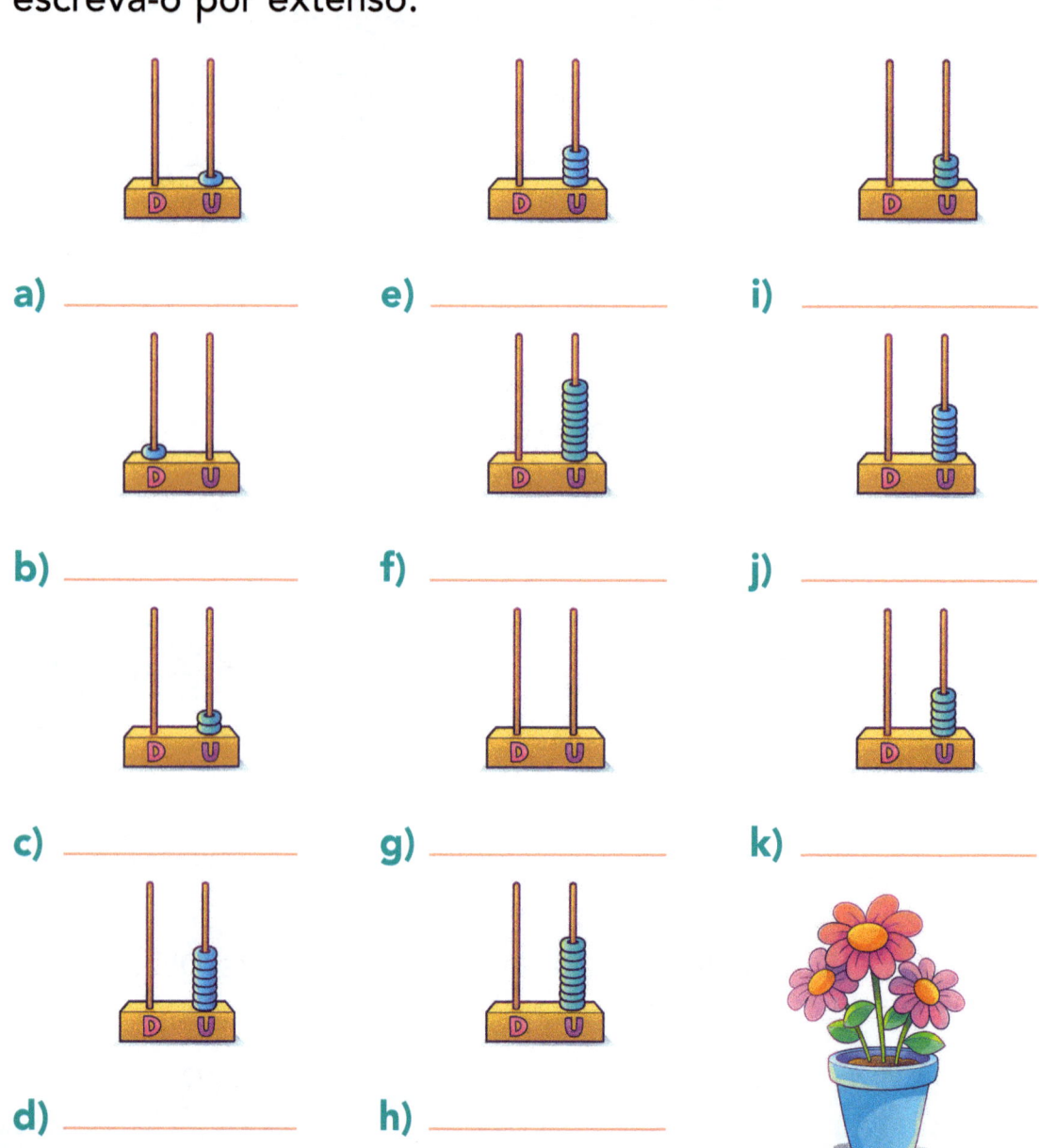

a) _____

b) _____

c) _____

d) _____

e) _____

f) _____

g) _____

h) _____

i) _____

j) _____

k) _____

14 Tabuada

Números de 11 a 19

U = UNIDADE
D = DEZENA

Atividades

1 Observe os valores do quadro e registre o número por extenso.

Dezena	Unidade
I	I
1	1

1 dezena   1 unidade

11   Lê-se: ONZE.

_____

Dezena	Unidade
I	II
1	2

1 dezena   2 unidades

12   Lê-se: DOZE.

_____

Dezena	Unidade
I	III
1	3

1 dezena   3 unidades

13   Lê-se: TREZE.

_____

Tabuada   15

Dezena	Unidade
I	IIII
1	4

1 dezena — 4 unidades

14   Lê-se: CATORZE.

Dezena	Unidade
I	IIIII
1	5

1 dezena — 5 unidades

15   Lê-se: QUINZE.

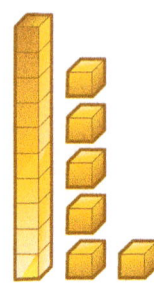

Dezena	Unidade
I	IIIIII
1	6

1 dezena — 6 unidades

16   Lê-se: DEZESSEIS.

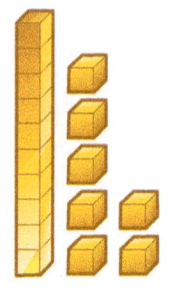

Dezena	Unidade
I	IIIIIII
1	7

1 dezena — 7 unidades

17   Lê-se: DEZESSETE.

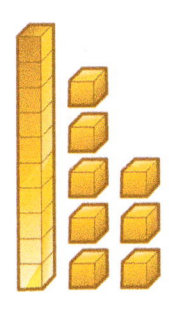

Dezena	Unidade
1	IIIIIIII
1	8

1 dezena — 8 unidades

18   Lê-se: DEZOITO.
_____

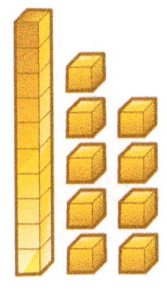

Dezena	Unidade
1	IIIIIIIII
1	9

1 dezena — 9 unidades

19   Lê-se: DEZENOVE.
_____

2 Conte os elementos e complete as lacunas.

a) _____ = _____ dezena e _____ unidades

b) _____ = _____ dezena e _____ unidade

c) _____ = _____ dezena e _____ unidades

Trabalhando a adição

Observe:

1   mais   1

Adição é a operação que junta quantidades ou acrescenta uma quantidade a outra.

Sinais utilizados na adição:
+ (sinal de mais)
= (sinal de igual)

Forma prática:

1 → 1ª parcela
+ 1 → 2ª parcela
─────
2 → soma ou total

1 + 1 = 2 → Lê-se: um mais um é igual a dois.

Atividade

1 Conte e anote os pontos dos dados. Depois registre o total. Observe o exemplo.

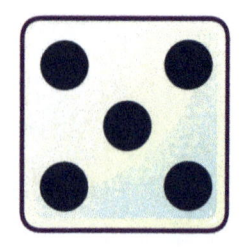

__5__ + __2__ = __7__

18   Tabuada

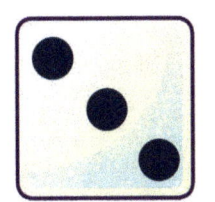

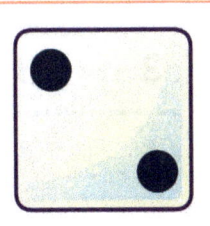

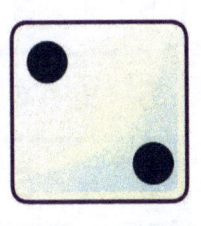

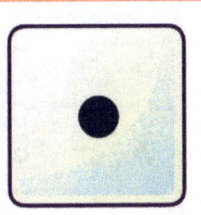

a) _____ + _____ = _____

b) _____ + _____ = _____

c) _____ + _____ = _____

d) _____ + _____ = _____

e) _____ + _____ = _____

f) _____ + _____ = _____

Tabuada 19

Tabuada de adição de 1 a 5

1 + 1 = 2	2 + 1 = 3	3 + 1 = 4
1 + 2 = 3	2 + 2 = 4	3 + 2 = 5
1 + 3 = 4	2 + 3 = 5	3 + 3 = 6
1 + 4 = 5	2 + 4 = 6	3 + 4 = 7
1 + 5 = 6	2 + 5 = 7	3 + 5 = 8
1 + 6 = 7	2 + 6 = 8	3 + 6 = 9
1 + 7 = 8	2 + 7 = 9	3 + 7 = 10
1 + 8 = 9	2 + 8 = 10	3 + 8 = 11
1 + 9 = 10	2 + 9 = 11	3 + 9 = 12

4 + 1 = 5	5 + 1 = 6
4 + 2 = 6	5 + 2 = 7
4 + 3 = 7	5 + 3 = 8
4 + 4 = 8	5 + 4 = 9
4 + 5 = 9	5 + 5 = 10
4 + 6 = 10	5 + 6 = 11
4 + 7 = 11	5 + 7 = 12
4 + 8 = 12	5 + 8 = 13
4 + 9 = 13	5 + 9 = 14

Cálculo mental

Tabuada

Atividades

1 Conte os elementos e complete as adições.
Veja o exemplo.

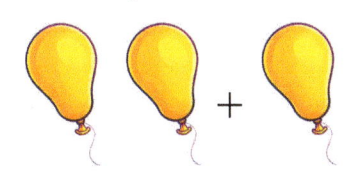

2 + 1 = __3__
1 + __2__ = __3__

a)
2 + 2 = _____
2 + _____ = 4

b)
3 + 1 = _____
1 + _____ = 4

c)
2 + 3 = _____
_____ + _____ = 5

d)
1 + 4 = _____
_____ + _____ = 5

2 Escreva os números por extenso para completar o diagrama.

12 ↓   11 ↓

10 ↓

19 →

O
N
Z
E

Tabuada 21

Automatizando a tabuada
Atividades

1 Complete as adições.

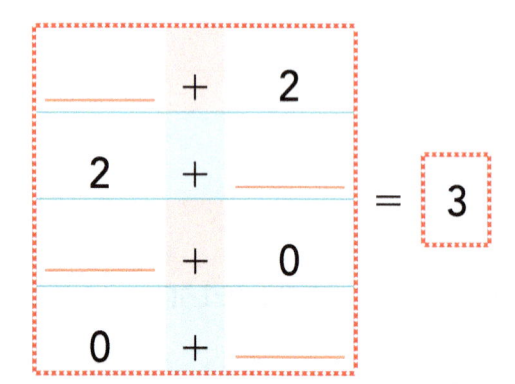

| 0 + ___ |
| ___ + 0 | = 1

| 1 + 1 |
| 2 + ___ |
| ___ + 2 | = 2

| ___ + 2 |
| 2 + ___ |
| ___ + 0 |
| 0 + ___ | = 3

| 1 + ___ |
| ___ + 2 |
| 3 + ___ |
| ___ + 0 |
| 0 + ___ | = 4

| ___ + 4 |
| 2 + ___ |
| ___ + 2 |
| 4 + ___ |
| 5 + ___ |
| ___ + 5 | = 5

2 Complete os quadros a seguir. Observe os exemplos.

a)
+	2	3	4	5
2	4	5		
3				
4				9
5				

b)
+	1	2	3	4
5	6	7		
6				
7				
8				11

22 Tabuada

3 Calcule a soma ou total das adições.

a) 2 + 7 = _____

b) 3 + 4 = _____

c) 1 + 9 = _____

d) 6 + 2 = _____

e) 5 + 1 = _____

f) 8 + 1 = _____

g) 4 + 4 = _____

h) 3 + 3 = _____

4 Complete as adições com a parcela que falta.

a) 2 + _____ = 6

b) 2 + _____ = 10

c) _____ + 5 = 7

d) _____ + 9 = 11

e) 2 + _____ = 9

f) _____ + 4 = 8

g) 4 + _____ = 10

h) _____ + 4 = 5

i) _____ + 6 = 9

j) 4 + _____ = 11

5 Resolva as adições.

a) 2 + 4

b) 3 + 2

c) 4 + 7

d) 3 + 7

e) 6 + 0

f) 5 + 6

g) 1 + 8

h) 2 + 1

i) 1 + 9

j) 2 + 7

k) 3 + 3

l) 2 + 2

m) 5 + 3

n) 4 + 3

o) 4 + 4

Tabuada 23

Tabuada de adição de 6 a 10

6 + 1 = 7	7 + 1 = 8	8 + 1 = 9
6 + 2 = 8	7 + 2 = 9	8 + 2 = 10
6 + 3 = 9	7 + 3 = 10	8 + 3 = 11
6 + 4 = 10	7 + 4 = 11	8 + 4 = 12
6 + 5 = 11	7 + 5 = 12	8 + 5 = 13
6 + 6 = 12	7 + 6 = 13	8 + 6 = 14
6 + 7 = 13	7 + 7 = 14	8 + 7 = 15
6 + 8 = 14	7 + 8 = 15	8 + 8 = 16
6 + 9 = 15	7 + 9 = 16	8 + 9 = 17

9 + 1 = 10	10 + 1 = 11
9 + 2 = 11	10 + 2 = 12
9 + 3 = 12	10 + 3 = 13
9 + 4 = 13	10 + 4 = 14
9 + 5 = 14	10 + 5 = 15
9 + 6 = 15	10 + 6 = 16
9 + 7 = 16	10 + 7 = 17
9 + 8 = 17	10 + 8 = 18
9 + 9 = 18	10 + 9 = 19

Cálculo mental

Automatizando a tabuada
Atividades

1 Complete as adições.

___ + 5				
2 + ___				
3 + ___				
___ + 2	= 6			
___ + 1				
6 + ___				
___ + 6				

___ + 7	
2 + ___	
___ + 5	
___ + 4	
5 + ___	= 8
___ + 2	
7 + ___	
___ + 0	
0 + ___	

1 + ___	
2 + ___	
___ + 4	
4 + ___	= 7
___ + 2	
___ + 1	
7 + ___	
0 + ___	

1 + ___	
___ + 7	
___ + 6	
___ + 5	
5 + ___	= 9
___ + 3	
7 + ___	
___ + 1	
___ + 0	
0 + ___	

2 Complete o quadro.

+	1	2	3	4	5	6	7	8	9
10	11								

Problemas de adição
Atividades

1 Para colorir a massa de modelar que estava fazendo, dona Lica utilizou 3 frascos de tinta amarela e 2 frascos de tinta azul. Quantos frascos de tinta ela usou?

Sentença   Cálculo

☐ =

☐ =

Resposta: _____

2 Lari ganhou 6 flores de Vítor e mais 3 flores de Caio. Com quantas flores ela ficou?

Sentença   Cálculo

☐ =

☐ =

Resposta: _____

3 No chaveiro do papai há 4 chaves. Ele colocou mais 2 chaves. Quantas chaves há agora?

Sentença   Cálculo

☐ =

☐ =

Resposta: _____

Trabalhando as dezenas exatas de 20 a 90

Observe com atenção:

D	U
2	0
VINTE	

$$\begin{array}{r}10\\+\,10\\\hline 20\end{array}$$

| 21 | 22 | 23 | 24 | 25 | 26 | 27 | 28 | 29 |

Atividade

1 Represente as dezenas exatas no quadro de valores, escreva os números por extenso e continue a sequência dos números.

D	U
TRINTA	

Escreva 30:

_____

| 31 | | | | | | | | |

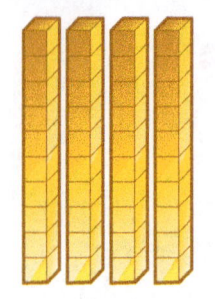

D	U
QUARENTA	

Escreva 40:

_____

41								

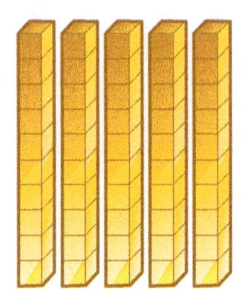

D	U
CINQUENTA	

Escreva 50:

_____

51								

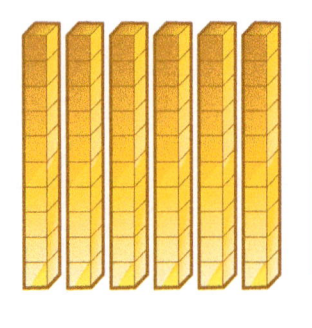

D	U
SESSENTA	

Escreva 60:

_____

61								

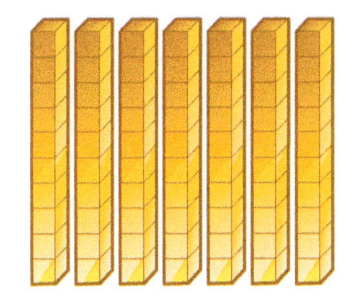

D	U
SETENTA	

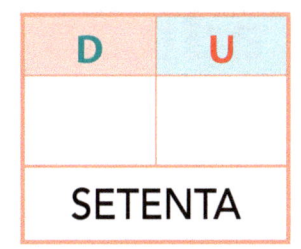

Escreva 70: _____

| 71 | | | | | | | | | |

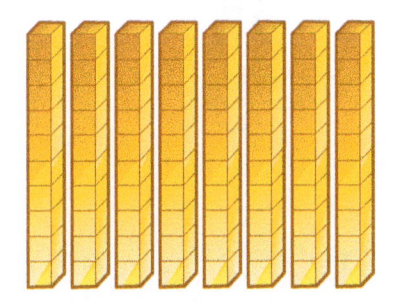

D	U
OITENTA	

Escreva 80: _____

| 81 | | | | | | | | | |

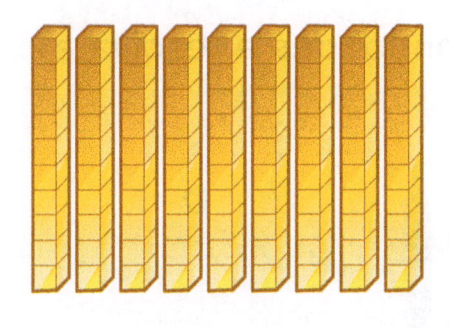

D	U
NOVENTA	

Escreva 90: _____

| 91 | | | | | | | | | |

Trabalhando a adição de unidades e dezenas

Observe:
O aquário de Tito tem 10 peixes e o de Vítor tem 8 peixes.

10 + 8

D	U
1	0
+	8
1	8

D	U
1	0
+	8
1	8

Atividades

1 Conte as canetinhas, registre as quantidades e resolva a adição. Use o Material Dourado.

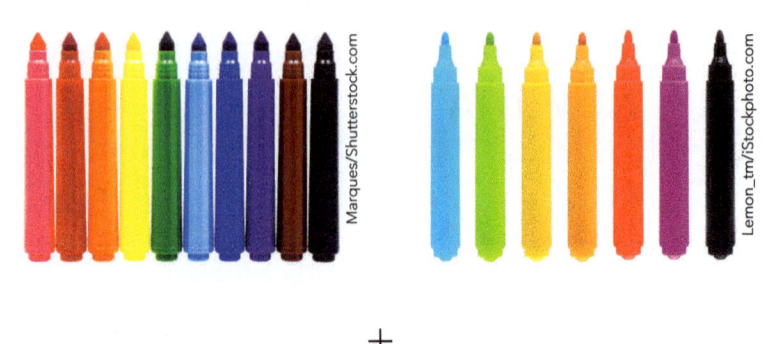

_____ + _____

D	U

30 Tabuada

2 Continue resolvendo as adições.

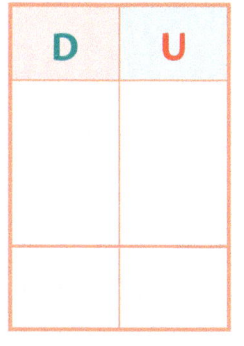

D	U

a) _____ + _____

D	U

b) _____ + _____

D	U

c) _____ + _____

D	U

d) _____ + _____

Tabuada 31

Problemas de adição com unidades e dezenas

Atividades

1 No aniversário de Lari, Tito encheu 17 balões e Vítor encheu 11. Quantos balões eles encheram ao todo?

Sentença

☐ =

☐ =

Cálculo

Resposta: _____

2 Para fazer um suco, dona Joana precisa de 12 laranjas e 5 abacaxis. Quantas frutas ela utilizará?

Sentença

☐ =

☐ =

Cálculo

Resposta: _____

3 No campeonato de pega-varetas, Malu fez 14 pontos na primeira partida e 15 pontos na segunda partida. Quantos pontos ela fez no campeonato?

Sentença

☐ =

☐ =

Cálculo

Resposta: _____

4 Tito comprou três brinquedos. Observe nas etiquetas o valor de cada brinquedo e descubra quanto ele gastou.

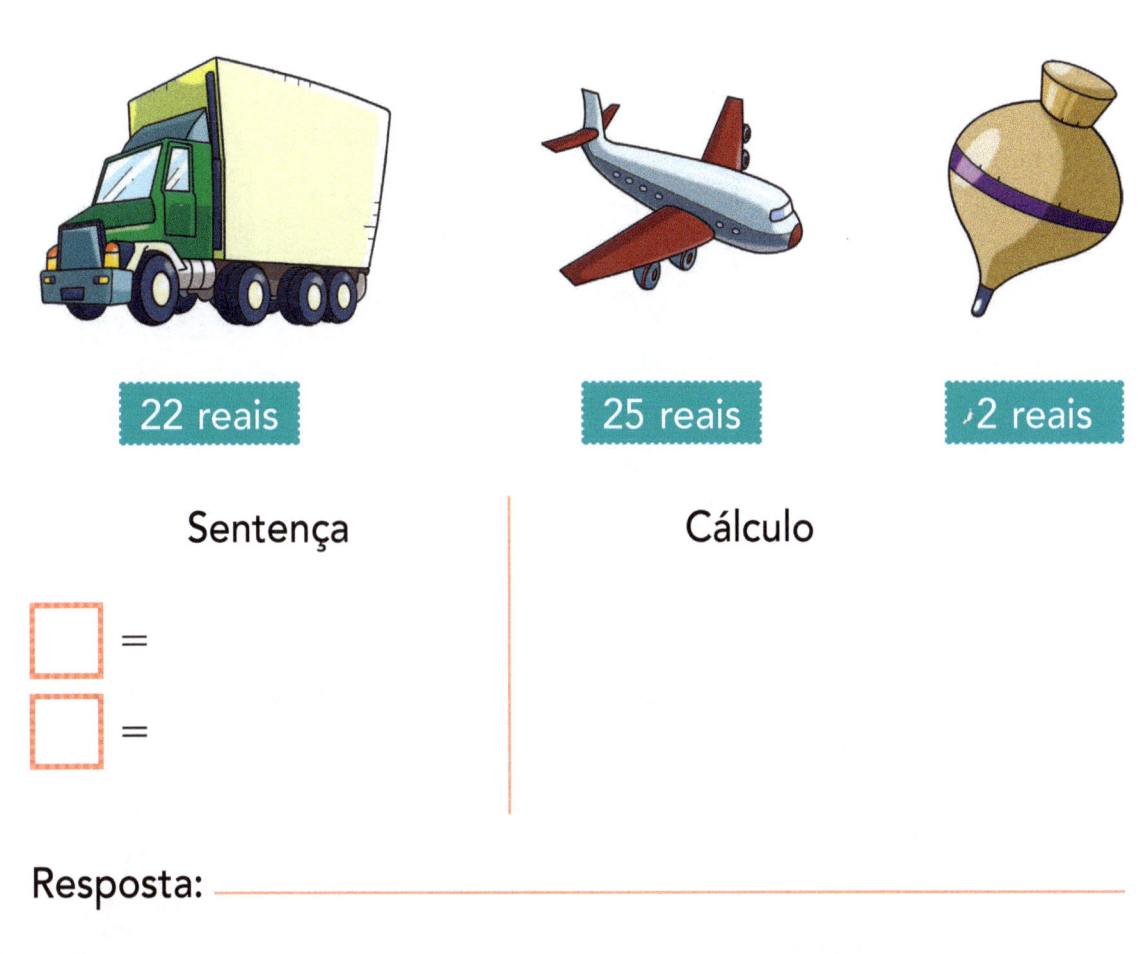

22 reais   25 reais   12 reais

Sentença   Cálculo

☐ =
☐ =

Resposta: _____

5 No 1º semestre, o professor Davi leu para os alunos 11 livros de história. No 2º semestre, ele leu 23 livros. Quantos livros de história foram lidos durante o ano?

Sentença   Cálculo

☐ =
☐ =

Resposta: _____

Tabuada

Educação financeira

Observe:

Com sua mesada de 50, Vítor comprou alguns produtos e tomou um lanche.

1 Veja o que Vítor comprou e ligue as cédulas aos produtos adquiridos por ele.

5 reais   20 reais   10 reais

2 Faça o cálculo de quanto Vítor gastou.

Sentença	Cálculo
☐ =	
☐ =	

Resposta: _____

34 Tabuada

Trabalhando a subtração

Observe:
Lari tinha 7 moedas e deu 3 moedas para Tito.

Fotos: Banco Central do Brasil

7 menos 3

Subtração é a operação que diminui, tira uma quantidade de outra quantidade.

Sinais utilizados na subtração:
— (sinal de menos)
= (sinal de igual)

Forma prática:

7 → minuendo
− 3 → subtraendo
4 → resto ou diferença

7 − 3 = 4 → Lê-se: sete menos três é igual a quatro.

Atividades

1) Tito ganhou de seu avô 8 maçãs. Comeu 5. Quantas maçãs restaram?

_____ – _____ = _____

Resposta: _____

2) Mamãe acendeu 6 velas. O vento apagou 3. Quantas velas ficaram acesas?

_____ – _____ = _____

Resposta: _____

3) Malu separou 5 ovos para fazer um bolo, porém 2 ovos estavam estragados. Quantos ovos sobraram?

_____ – _____ = _____

Resposta: _____

36 Tabuada

Tabuada de subtração de 1 a 5

1 − 1 = 0	2 − 2 = 0	3 − 3 = 0
2 − 1 = 1	3 − 2 = 1	4 − 3 = 1
3 − 1 = 2	4 − 2 = 2	5 − 3 = 2
4 − 1 = 3	5 − 2 = 3	6 − 3 = 3
5 − 1 = 4	6 − 2 = 4	7 − 3 = 4
6 − 1 = 5	7 − 2 = 5	8 − 3 = 5
7 − 1 = 6	8 − 2 = 6	9 − 3 = 6
8 − 1 = 7	9 − 2 = 7	10 − 3 = 7
9 − 1 = 8	10 − 2 = 8	11 − 3 = 8
10 − 1 = 9	11 − 2 = 9	12 − 3 = 9

4 − 4 = 0	5 − 5 = 0
5 − 4 = 1	6 − 5 = 1
6 − 4 = 2	7 − 5 = 2
7 − 4 = 3	8 − 5 = 3
8 − 4 = 4	9 − 5 = 4
9 − 4 = 5	10 − 5 = 5
10 − 4 = 6	11 − 5 = 6
11 − 4 = 7	12 − 5 = 7
12 − 4 = 8	13 − 5 = 8
13 − 4 = 9	14 − 5 = 9

Automatizando a tabuada
Atividades

1 Complete as subtrações.

1 − ___	=	0
___ − 0	=	1

___ − 1	=	3
4 − ___	=	2
___ − 3	=	1
___ − 4	=	0
4 − ___	=	4

___ − 1	=	1
2 − ___	=	0
___ − 0	=	2

3 − ___	=	2
___ − 2	=	1
___ − 3	=	0
3 − ___	=	3

___ − 1	=	4
5 − ___	=	3
5 − ___	=	2
___ − 4	=	1
5 − ___	=	0
___ − 0	=	5

2 Complete as subtrações com o minuendo.

a)
```
  ___
−   2
─────
    1
```

b)
```
  ___
−   2
─────
    2
```

c)
```
  ___
−   1
─────
    3
```

d)
```
  ___
−   5
─────
    0
```

e)
```
  ___
−   1
─────
    1
```

f)
```
  ___
−   0
─────
    4
```

Trabalhando a subtração de unidades e dezenas

Observe:
Malu gosta muito de ler histórias infantis. Seu livro favorito é *O Gato de Botas*. Na estante de seu quarto havia 15 livros. Desses, Malu deu 4 a sua amiguinha Lari.

D	U
1	5
−	4
1	1

```
  D  U
  1  5
−    4
  1  1
```

Para realizar essa operação, subtraímos primeiro as unidades e depois as dezenas.

Atividade

1 Conte os elementos, registre as quantidades e resolva as subtrações. Use o Material Dourado.

D	U

a) _____ − _____ = _____

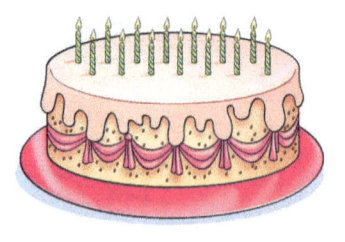

D	U

b) _____ − _____ = _____

D	U

c) _____ − _____ = _____

Tabuada de subtração de 6 a 10

6 − 6 = 0	7 − 7 = 0	8 − 8 = 0
7 − 6 = 1	8 − 7 = 1	9 − 8 = 1
8 − 6 = 2	9 − 7 = 2	10 − 8 = 2
9 − 6 = 3	10 − 7 = 3	11 − 8 = 3
10 − 6 = 4	11 − 7 = 4	12 − 8 = 4
11 − 6 = 5	12 − 7 = 5	13 − 8 = 5
12 − 6 = 6	13 − 7 = 6	14 − 8 = 6
13 − 6 = 7	14 − 7 = 7	15 − 8 = 7
14 − 6 = 8	15 − 7 = 8	16 − 8 = 8
15 − 6 = 9	16 − 7 = 9	17 − 8 = 9

9 − 9 = 0	10 − 10 = 0
10 − 9 = 1	11 − 10 = 1
11 − 9 = 2	12 − 10 = 2
12 − 9 = 3	13 − 10 = 3
13 − 9 = 4	14 − 10 = 4
14 − 9 = 5	15 − 10 = 5
15 − 9 = 6	16 − 10 = 6
16 − 9 = 7	17 − 10 = 7
17 − 9 = 8	18 − 10 = 8
18 − 9 = 9	19 − 10 = 9

Automatizando a tabuada
Atividades

1 Complete as subtrações.

___	− 1	=	5
6	− ___	=	4
___	− 3	=	3
___	− 4	=	2
6	− ___	=	1
___	− 6	=	0
6	− ___	=	6

7	− ___	=	6
___	− 2	=	5
7	− ___	=	4
7	− ___	=	3
___	− 5	=	2
7	− ___	=	1
___	− 7	=	0

___	− 1	=	7
8	− ___	=	6
___	− 3	=	5
8	− ___	=	4
8	− ___	=	3
___	− 6	=	2
8	− ___	=	1
___	− 8	=	0
8	− ___	=	8

9	− ___	=	8
___	− 2	=	7
9	− ___	=	6
___	− 4	=	5
9	− ___	=	4
___	− 6	=	3
___	− 7	=	2
9	− ___	=	1
___	− 9	=	0
9	− ___	=	9

10	− ___	=	9
___	− 2	=	8
___	− 3	=	7
10	− ___	=	6
10	− ___	=	5
___	− 6	=	4
10	− ___	=	3
___	− 8	=	2
10	− ___	=	1
___	− 10	=	0

Tabuada

2 Complete o quadro resolvendo as subtrações.

	Colheu	Deu	Ficou com
(peras)	9	3	
(flores)	7	4	
(laranjas)	6	4	

3 Complete as subtrações como o exemplo.

9 − 4 = 5   ou   9
                − 4
                ───
                 5

a) 6 − 3 = ___   ou   6
                     − 3
                     ───

b) 8 − 4 = ___   ou   8
                     − 4
                     ───

c) 5 − 1 = ___   ou   5
                     − 1
                     ───

d) 4 − 2 = ___   ou   4
                     − 2
                     ───

e) 7 − 6 = ___   ou   7
                     − 6
                     ───

Tabuada

Problemas de subtração
Atividades

1) Tito tem 8 carrinhos. Limpou 5. Quantos carrinhos falta limpar?

Sentença | Cálculo

☐ =
☐ =

Resposta: _____

2) O sorveteiro tinha 37 sorvetes. Vendeu 21. Quantos sorvetes restaram?

Sentença | Cálculo

☐ =
☐ =

Resposta: _____

3) Vítor comprou 36 balões para seu aniversário. Ao enchê-los, percebeu que 5 estavam furados. Quantos balões estavam perfeitos?

Sentença | Cálculo

☐ =
☐ =

Resposta: _____

Trabalhando as centenas

Observe:

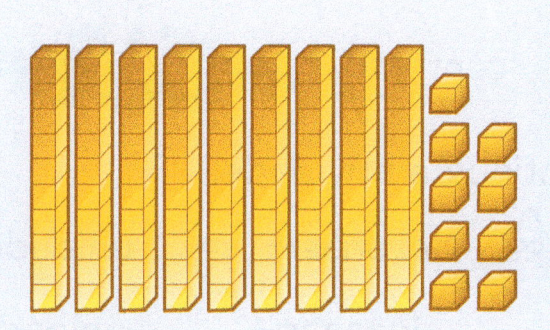

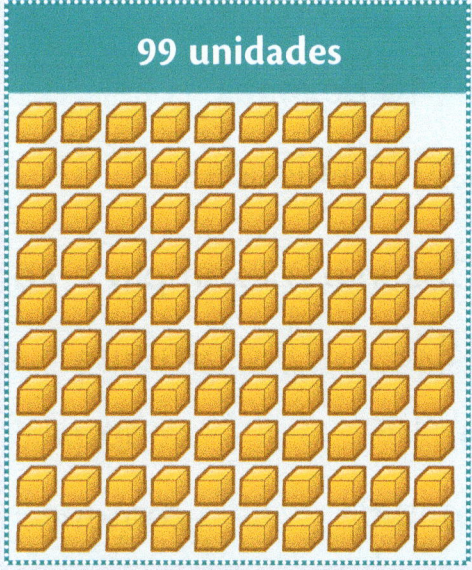

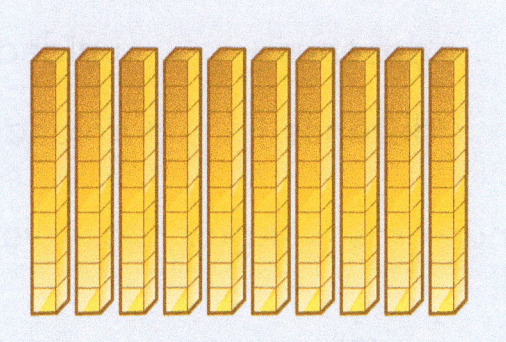

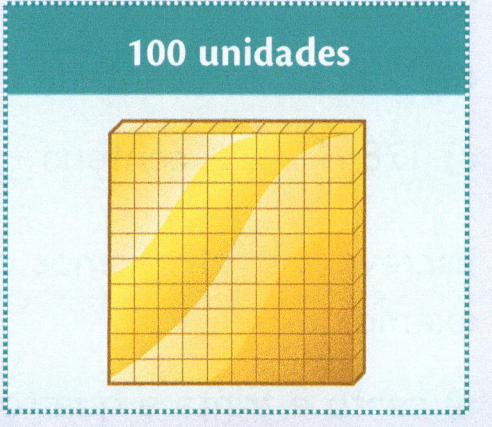

99 unidades

100 unidades

1 centena

10 dezenas formam 1 centena ou 100 unidades
10 dezenas ou 100 unidades formam 1 centena

Centena	Dezena	Unidade
1		
1	0	0

100 → Lê-se: CEM.

Atividades

1 Complete as igualdades.

a) 1 dezena = _____ unidades

b) 10 dezenas = _____ unidades

c) 100 unidades = _____ centena

2 Observe o exemplo e continue a atividade.

122 → __1__ centena + __2__ dezenas + __2__ unidades

a) 139 → _____ centena + _____ dezenas + _____ unidades

b) 155 → _____ centena + _____ dezenas + _____ unidades

c) 105 → _____ centena + _____ dezena + _____ unidades

d) 120 → _____ centena + _____ dezenas + _____ unidade

e) 178 → _____ centena + _____ dezenas + _____ unidades

3 Escreva com algarismos os números a seguir. Observe o exemplo.

a) cento e trinta e quatro — 134

b) cento e dez — _____

c) cento e setenta e sete — _____

d) cento e quarenta e um — _____

e) cento e noventa e nove — _____

f) cento e dezessete — _____

g) cento e sessenta e cinco — _____

h) cento e treze — _____

4 Resolva as adições.

a) 24
  + 33
  ____

b) 80
  + 20
  ____

c) 31
  + 8
  ____

d) 60
  + 3
  ____

e) 14
  + 5
  ____

f) 22
  + 5
  ____

g) 16
  + 22
  ____

h) 70
  + 30
  ____

i) 85
  + 13
  ____

j) 41
  + 4
  ____

k) 185
  + 14
  ____

l) 121
  +154
  ____

5 Resolva as subtrações.

a) 34
  − 21
  ____

b) 39
  − 14
  ____

c) 22
  − 11
  ____

d) 59
  − 6
  ____

e) 18
  − 3
  ____

f) 55
  − 24
  ____

g) 76
  − 43
  ____

h) 99
  − 88
  ____

i) 63
  − 21
  ____

j) 64
  − 12
  ____

k) 258
  −137
  ____

l) 135
  − 35
  ____

Tabuada

Revisando a adição, a subtração e a centena
Atividades

1 Complete o quadro com os números que faltam.

100	101					107		
110					115			119
			123				128	
130					135			
		142				146		149

2 Escreva com algarismos os números a seguir. Depois, escreva-os por extenso. Siga o exemplo.

	C	D	U	Como se lê
1 centena + 4 dezenas + 6 unidades	1	4	6	cento e quarenta e seis
1 centena + 2 dezenas + 1 unidade				
1 centena + 1 dezena + 9 unidades				
1 centena + 6 dezenas + 5 unidades				

3 Malu ajudou sua mãe a fazer 50 brigadeiros e 40 cocadas. Quantos docinhos ela ajudou a fazer ao todo?

Sentença

Cálculo

☐ =

☐ =

Resposta: _____

4 Dona Rita pesa 60 quilos. Tito pesa 24 quilos. Quanto os dois pesam juntos?

Sentença

Cálculo

☐ =

☐ =

Resposta: _____

5 Na borracharia de José há 10 pneus. Hoje chegou um carregamento de 90 pneus. Quantos pneus ele tem agora?

Sentença

Cálculo

☐ =

☐ =

Resposta: _____

Trabalhando a multiplicação de 1 a 5

Observe:

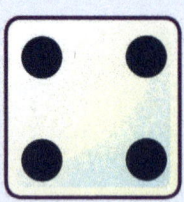

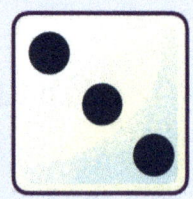

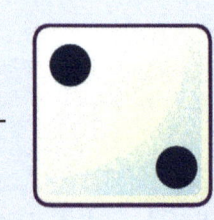

4 + 4 = 8
ou
2 × 4 = 8

3 + 3 = 6
ou
2 × 3 = 6

2 + 2 + 2 = 6
ou
3 × 2 = 6

Multiplicação é a operação que simplifica uma adição de parcelas iguais.

Sinais utilizados na multiplicação:
× (sinal de vezes)
= (sinal de igual)

Forma prática:

$$\begin{array}{r} 3 \\ \times\ 2 \\ \hline 6 \end{array}$$ → multiplicando
→ multiplicador
→ produto

3 × 2 = 6 → Lê-se: três vezes dois é igual a seis.

Atividade

1 Observe o exemplo e continue resolvendo as operações.

__3__ + __3__ = __6__

__2__ × __3__ = __6__

a) _____ + _____ + _____ = _____

_____ × _____ = _____

b) _____ + _____ = _____

_____ × _____ = _____

c) _____ + _____ = _____

_____ × _____ = _____

d) _____ + _____ + _____ + _____ = _____

_____ × _____ = _____

Tabuada

Tabuada de multiplicação de 1 a 5

Cálculo mental

1 × 1 = 1	2 × 1 = 2	3 × 1 = 3
1 × 2 = 2	2 × 2 = 4	3 × 2 = 6
1 × 3 = 3	2 × 3 = 6	3 × 3 = 9
1 × 4 = 4	2 × 4 = 8	3 × 4 = 12
1 × 5 = 5	2 × 5 = 10	3 × 5 = 15
1 × 6 = 6	2 × 6 = 12	3 × 6 = 18
1 × 7 = 7	2 × 7 = 14	3 × 7 = 21
1 × 8 = 8	2 × 8 = 16	3 × 8 = 24
1 × 9 = 9	2 × 9 = 18	3 × 9 = 27
1 × 10 = 10	2 × 10 = 20	3 × 10 = 30

4 × 1 = 4	5 × 1 = 5
4 × 2 = 8	5 × 2 = 10
4 × 3 = 12	5 × 3 = 15
4 × 4 = 16	5 × 4 = 20
4 × 5 = 20	5 × 5 = 25
4 × 6 = 24	5 × 6 = 30
4 × 7 = 28	5 × 7 = 35
4 × 8 = 32	5 × 8 = 40
4 × 9 = 36	5 × 9 = 45
4 × 10 = 40	5 × 10 = 50

Tabuada

Automatizando a tabuada

1 Complete as operações do quadro mágico.

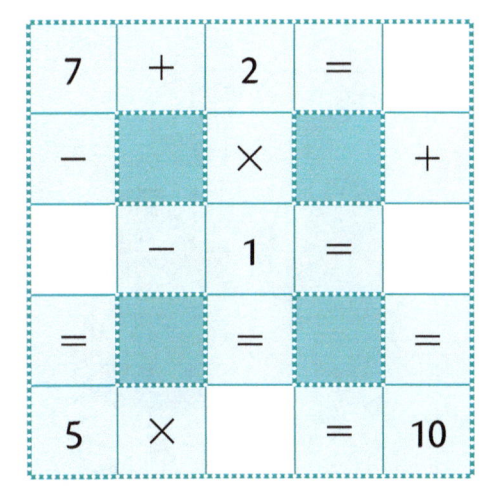

7	+	2	=	
−		×		+
	−	1	=	
=		=		=
5	×		=	10

2 Complete os quadros com o resultado das multiplicações.

×	1	2	3	4	5	6	7	8	9	10
1			4						9	

×	1	2	3	4	5	6	7	8	9	10
2		4								

×	1	2	3	4	5	6	7	8	9	10
3	3			12						30

×	1	2	3	4	5	6	7	8	9	10
4	4		12				28			40

×	1	2	3	4	5	6	7	8	9	10
5		10								50

Tabuada

Trabalhando a divisão

Observe:

6 balões foram divididos igualmente entre 3 crianças

- Quantos 🎈 ? = ☐

- Quantas 👧 ? = ☐

Divisão é a operação que divide, reparte uma quantidade em partes iguais.

Sinais utilizados na divisão:
÷ (sinal de divisão)
= (sinal de igual)

Forma prática:

dividendo ← 6 | 3 → divisor
− 6   2 → quociente
resto ← 0

6 ÷ 3 = 2 → Lê-se: seis dividido por três é igual a dois.

54 **Tabuada**

Atividades

1) Observe o exemplo e efetue as divisões.

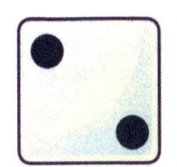

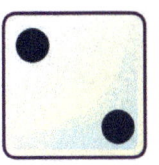

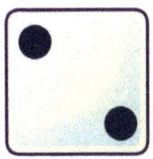

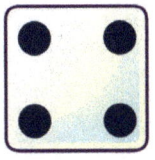

$3 \times 2 = 6$
$6 \div 3 = 2$

a) $4 \times 4 = 16$
$16 \div 4 =$ _____

b) $2 \times 5 = 10$
$10 \div 2 =$ _____

c) $4 \times 3 = 12$
$12 \div 4 =$ _____

2) Quantos queijos cada ratinho comerá? Resolva as divisões.

a)  $9 \div 3 =$ _____

9 | 3

b)  $6 \div 3 =$ _____

6 | 3

Tabuada

3 Quantos itens para cada um? Resolva as divisões.

a) 2 ÷ 2 = _____   2 | 2

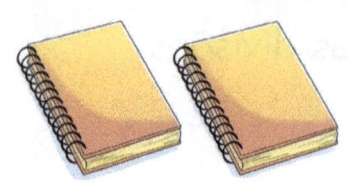

b) 12 ÷ 4 = _____   12 | 4

c) 6 ÷ 3 = _____   6 | 3

d) 4 ÷ 2 = _____   4 | 2

Tabuada

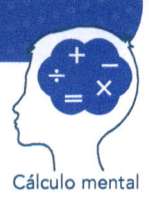

Tabuada de divisão de 1 a 5

1 ÷ 1 = 1	2 ÷ 2 = 1	3 ÷ 3 = 1
2 ÷ 1 = 2	4 ÷ 2 = 2	6 ÷ 3 = 2
3 ÷ 1 = 3	6 ÷ 2 = 3	9 ÷ 3 = 3
4 ÷ 1 = 4	8 ÷ 2 = 4	12 ÷ 3 = 4
5 ÷ 1 = 5	10 ÷ 2 = 5	15 ÷ 3 = 5
6 ÷ 1 = 6	12 ÷ 2 = 6	18 ÷ 3 = 6
7 ÷ 1 = 7	14 ÷ 2 = 7	21 ÷ 3 = 7
8 ÷ 1 = 8	16 ÷ 2 = 8	24 ÷ 3 = 8
9 ÷ 1 = 9	18 ÷ 2 = 9	27 ÷ 3 = 9
10 ÷ 1 = 10	20 ÷ 2 = 10	30 ÷ 3 = 10

4 ÷ 4 = 1	5 ÷ 5 = 1
8 ÷ 4 = 2	10 ÷ 5 = 2
12 ÷ 4 = 3	15 ÷ 5 = 3
16 ÷ 4 = 4	20 ÷ 5 = 4
20 ÷ 4 = 5	25 ÷ 5 = 5
24 ÷ 4 = 6	30 ÷ 5 = 6
28 ÷ 4 = 7	35 ÷ 5 = 7
32 ÷ 4 = 8	40 ÷ 5 = 8
36 ÷ 4 = 9	45 ÷ 5 = 9
40 ÷ 4 = 10	50 ÷ 5 = 10

Cálculo mental

Automatizando a tabuada
Atividades

1 Complete as divisões.

1 ÷ 1 = 1	2 ÷ ___ = 1	3 ÷ ___ = 1
___ ÷ 1 = 2	___ ÷ 2 = 2	___ ÷ 3 = 2
___ ÷ 1 = 3	6 ÷ ___ = 3	9 ÷ ___ = 3
4 ÷ ___ = 4	___ ÷ 2 = 4	12 ÷ ___ = 4
___ ÷ 1 = 5	10 ÷ ___ = 5	___ ÷ 3 = 5
___ ÷ 1 = 6	___ ÷ 2 = 6	18 ÷ ___ = 6
7 ÷ ___ = 7	14 ÷ ___ = 7	___ ÷ 3 = 7
___ ÷ 1 = 8	___ ÷ 2 = 8	24 ÷ ___ = 8
9 ÷ ___ = 9	18 ÷ ___ = 9	27 ÷ ___ = 9
___ ÷ 1 = 10	___ ÷ 2 = 10	___ ÷ 3 = 10

2 Resolva as divisões. Observe o exemplo.

$$\begin{array}{r|l} 24 & 3 \\ -24 & 8 \\ \hline 00 & \end{array}$$

b) 36 | 4   d) 12 | 4   f) 30 | 5

a) 18 | 2   c) 12 | 3   e) 14 | 2   g) 5 | 5

58 Tabuada

Educação financeira

Dona Soraia, mãe de Lari, precisa comprar um liquidificador e quer dividir em parcelas.

Atividade

1 Observe as ofertas que ela encontrou:

Loja Bom Preço
R$ 60,00 à vista
ou
2 parcelas de
R$ 30,00

Loja Compre Aqui
R$ 60,00 à vista
ou
3 parcelas de
R$ 25,00

- Calcule e responda: Em qual loja dona Soraia pode comprar com economia?

Sentença   Cálculo

☐ =   ☐ =

☐ =   ☐ =

Resposta: _____

Tabuada

Revisando a multiplicação e a divisão
Atividade

1 Continue resolvendo as operações.

4	×	1	=	4	
4	×	2	=	___	
4	×	3	=	___	
4	×	4	=	___	
4	×	5	=	___	
4	×	6	=	___	
4	×	7	=	___	
4	×	8	=	___	
4	×	9	=	___	

4	÷	4	=	1	
8	÷	4	=	___	
12	÷	4	=	___	
16	÷	4	=	___	
20	÷	4	=	___	
24	÷	4	=	___	
28	÷	4	=	___	
32	÷	4	=	___	
36	÷	4	=	___	

5	×	1	=	5	
5	×	2	=	___	
5	×	3	=	___	
5	×	4	=	___	
5	×	5	=	___	
5	×	6	=	___	
5	×	7	=	___	
5	×	8	=	___	
5	×	9	=	___	

5	÷	5	=	1	
10	÷	5	=	___	
15	÷	5	=	___	
20	÷	5	=	___	
25	÷	5	=	___	
30	÷	5	=	___	
35	÷	5	=	___	
40	÷	5	=	___	
45	÷	5	=	___	

Tabuada

Material Dourado

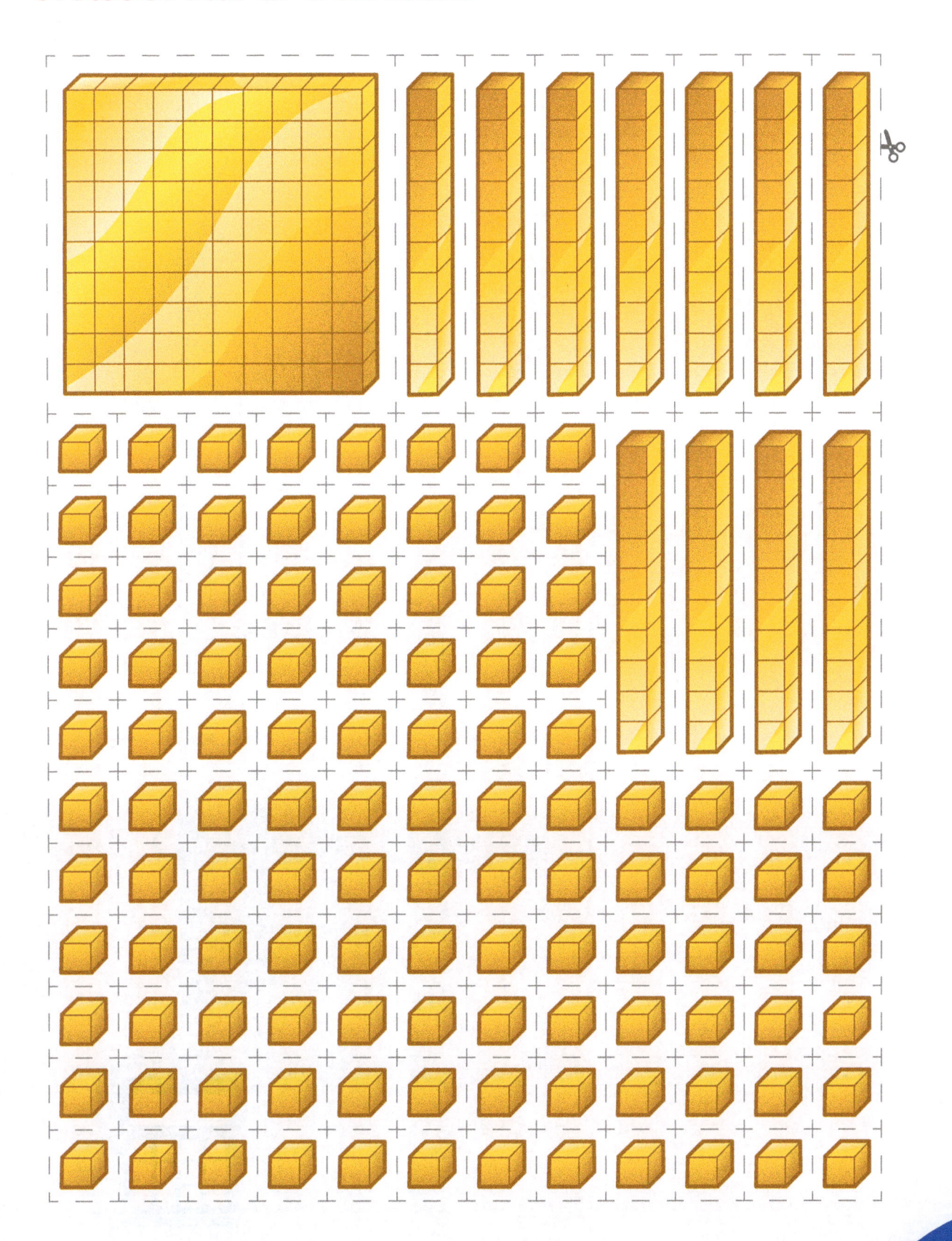

Material Dourado

COLAR

COLAR

Tabuada 63